思維遊戲大挑戰

未來大夢想

日本腦力遊戲書

新雅

U0103393

目 錄

遊戲玩法

── 找不同 ──

▷◁ 比較左面和右面的圖畫，從右圖中找出不同之處。

▷◁ 比較上面和下面的圖畫，從下圖中找出不同之處。

── 找找看 ──

▷◁ 從圖畫中找出6個指定的東西。

備注：本書中出現的工作環境及制服，我們在繪畫時稍有修飾，與實際環境未必完全相同。

領導時尚的職業

第1章

珠莉

我將來想做麵包師傅！

我好想長大後當老師！

我的名字叫珠莉。

我長大後想做一個時尚的人！

正跟朋友暢談各自的夢想。

時尚的人是什麼人啊？

沒有這種職業吧～

唉呀……沮喪

回家路上

沮喪

唉……想成為一個時尚的人，這個夢想是不是好奇怪？

嘭嘭

哎呦！

有沒有撞到你？對不起啊！

沒關係，我沒有事。

那太好了！

啊！你是模特兒里香！

拜拜。

請你等一等呀！

我想成為像里香一樣時尚的人，我該怎麼做？

嘻，這本魔法書送給你吧！

驚訝

你會實現夢想的！

寫了什麼呢？

嘩——

1 穿什麼衣服都合襯的 封面模特兒

不同之處有 **5**個
容易

 小知識　模特兒為了更好地展現衣服的美麗設計，會勤力做運動和控制飲食，保持自己最好的身形和狀態啊！

好開心！我成為封面模特兒了，可以去拍攝各種雜誌封面，又能夠穿上不同風格的衣服，真的很興奮啊！

❤ 答案在 148 頁 ❤

活躍在表演台上的 時裝模特兒

要尋找的東西有 **6個**

小知識 為了在時裝表演台上走得更加優雅大方和好好的展示服裝，時裝模特兒會學習特定的步伐 (cat walk) 和各種動作姿勢。

時裝模特兒要在舞台上面擺出各種姿勢，讓坐在不同位置的觀眾都能欣賞到服裝。

♥ 答案在 148 頁 ♥

③ 提供美髮服務的 髮型師

不同之處有 **5**個 容易

 髮型師會對客人煩惱的頭髮問題提供意見，洗頭時也為客人按摩頭皮，讓他們在整理儀容的同時得到身心的放鬆。

10

改變髮型會給人煥然一新的感覺。看到客人滿意的笑容，我也覺得好高興！

❤ 答案在 148 頁 ❤

④ 令指尖都引人注目的 美甲師

小知識 美甲師會考慮客人的膚色和手型,為客人在指甲上設計出獨特的圖案。想要做好一名美甲師,需要擁有靈活的雙手和時尚的眼光。

美甲師能讓客人的手指都變得精緻漂亮，
真是一項令人發揮美術天分的工作！

♥ 答案在 148 頁 ♥

13

小知識　除了用手之外，按摩師也會使用各種儀器或工具，用適當的力度按摩身體的各個部分，會讓客人得到由內而外的放鬆和休息！

按摩師是放鬆身心的好幫手。很多大人會在休息時間去按摩，釋放壓力和身心疲憊。

❤ 答案在 148 頁 ❤

小知識 化妝師會充分使用粉底、唇彩、眼影等化妝品，突出客人們臉部的優點，塑造出不同風格的形象！

出席重要場合時，有的大人會請化妝師幫手化妝，妝容的設計要配合客人的面形輪廓，也要配合當天的季節和場合啊！

❤ 答案在 149 頁 ❤

小知識　服裝設計師也有不同的工作呢！有的會為大眾人士設計服裝，而有的會為有特定要求的客人訂製服裝。

服裝設計師負責設計出新穎的衣服，帶領潮流！下一季會流行什麼款式的衣服呢⋯⋯

♥ 答案在 149 頁 ♥

8
為你揀選和搭配服飾的
服裝店店員

不同之處有 **7** 個
中等

小知識 服裝店店員會因應最近的天氣，結合客人的身材特點，為客人搭配合適的衣服和飾物啊！

我會根據客人的需要，為他們推薦店內合適
的衣服，作出最好的配搭！

答案在 149 頁

小知識 鞋履設計師除了具有時尚的眼光，也要了解人們足部的結構和使用的場合，才能設計出美觀又舒適的鞋子啊！

鞋子可以改變形象，同樣的衣着會因為鞋子的改變而帶出不同的風格。

♥ 答案在 149 頁 ♥

小知識 珠寶設計師要熟悉各種金屬，對於各類寶石也要有一定認識。把這兩者搭配在一起，創作出熠熠生輝的作品！

珠寶設計師會設計戒指、耳環、頸鏈、胸針等飾物，讓穿戴的人更加光彩奪目！

❤ 答案在 149 頁 ❤

11

不同之處有

9個

困難

為客人打造個人形象的
造型師

造型師不但會化妝，還要設計髮型和搭配服飾。結合模特兒的自身氣質、外在形象和身處的場合等，設計整體的形象。

小知識 為了隨時隨地整理模特兒身上的服飾，造型師會隨身攜帶手提熨斗及針線工具。如果衣服尺寸不合，還會即場修改啊！

♥ 答案在 149 頁 ♥

27

時裝風格心理測驗

你更適合哪種風格的時裝呢？請回答以下問題，再把答案「是」的數目加起來吧！

Q1
比起褲子，你更喜歡穿裙子。
是　不是

Q2
比起黑色，你更喜歡粉紅色。
是　不是

Q3
你喜歡常常戴着帽子。
是　不是

Q4
你搭配服裝時的飾物多於兩個。
是　不是

Q5
你喜歡有蝴蝶結的飾物。
是　不是

Q6
你喜歡佩戴頭飾。
是　不是

測 驗 結 果

少女風格

選擇「是」的數目有4至6個

推薦有褶飾的少女風衣服！衣服有少許寬鬆但輕盈，能夠顯出飄逸的感覺！

潮流風格

選擇「是」的數目有2至3個

為你推薦顏色鮮明的配搭！可嘗試配搭衛衣和休閒運動鞋，給人活力的感覺！

冷酷風格

擇「是」的數目有0至1個

你喜歡打扮得酷酷的！穿着黑色或藍色的衣服，顯出沉着風格。

第2章

幫助他人的職業

晴奈

咳咳

嗄……我應該是感冒了吧……身體很不舒服啊。

門診室

我是晴奈，今天來到了醫院。

晴奈，不用擔心啊！

啊……口張開一點。

她需要這幾種藥物，麻煩你了！

好的。

放心吧，你會很快痊癒的。

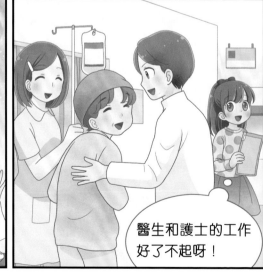

醫生和護士的工作好了不起呀！

第二天

我也要做可以幫助他人的職業！

噠噠！

幫助他人的職業

嘩！我居然被吸入電腦網絡內了啊！

歡迎你的到來！這裏是可以讓你變身成大人，體驗工作的世界。

啊？我可以變成大人！？

護士

醫生

老師

幼兒工作員

現在，你可以開始體驗幫助他人的工作啦！

太好了！我好興奮啊！

要勤洗手啊！

小知識 醫生包括外科、內科、眼科、耳鼻喉科等各種專科，還有專職的家庭
醫生。不論是哪一科醫生，都需要常常學習新的醫學知識。

我現在是一名醫生，我會治療生病和受傷的患者，幫助他們恢復健康。

♥ 答案在 150 頁 ♥

13 悉心照顧病人的護士

不同之處有 **5**個

容易

小知識 護士會評估病人的身體狀況，細心和溫柔地看護他們，讓病人安心地接受治療，早日康復。

我會好好照顧病人，也會觀察病人的身體情況，讓他們得到最好的治療。

❤ 答案在 150 頁 ❤

小知識 機艙服務員的工作包括帶位、分派飛機餐、在不同情況下幫助乘客等。在工作期間要保持細心和冷靜，同時也要懂得多種外語。

馬上要到飛機起飛的時間了，希望我能給乘客帶來一次安全開心的飛行之旅吧！

♥ 答案在 150 頁 ♥

為大家介紹觀光景點的導遊

在觀光巴士上,我會為遊客們介紹經過的景點,以及我們將要前往的各個目的地。

小知識　導遊除了介紹景點名勝之外,也會營造旅途中的氣氛!下車後,導遊帶旅客們到景點參觀,解答關於景點的各種問題。

❤ 答案在 150 頁 ❤

*註：圖中為日本的列車車長制服，款式與香港有分別。

小知識 列車車長需要懂得操作控制台，按行駛時間表來安全地駕駛列車。如遇上特別情況，要與控制中心協調，調節行車速度。

列車車長是列車上主要的行車人員之一，安全準時地把乘客送到目的地是我們的職責。

♥ 答案在 150 頁 ♥

小知識 幼兒工作員會在幼稚園或幼兒中心和小朋友一起學習知識和禮儀，一起玩遊戲，也會幫助小朋友練習正確地使用工具等。

幼兒工作員跟小朋友玩耍時，也會留心安全啊！

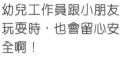

♥ 答案在 150 頁 ♥

不同之處有
7個
中等

$$\frac{1}{2} \times \frac{3}{5} = \frac{1 \times 3}{2 \times 5} = \frac{3}{10}$$

$$\frac{1}{3} \times \frac{2}{7} =$$

$$\frac{1}{2}$$

1 2 3 4 5 6

 小知識　老師的工作除了在課室教學，也要準備每日功課、測驗試卷、開放日、
學校旅行等多種校務工作。

老師不僅教導學生課本中的內容，也會教授他們生活的本領。看見學生們認真學習的樣子，真的令我更有熱誠啊！

$$\frac{1}{2} \times \frac{3}{5} = \frac{1 \times 3}{2 \times 5} = \frac{3}{10}$$

$$\frac{1}{3} \times \frac{2}{7} =$$

$$\frac{1}{2}$$

1
2
3
4
5
6

♥ 答案在 151 頁 ♥

19 照顧長者飲食起居的護理員

不同之處有 **7** 個

中等

小知識 護理員除了要支援長者的日常生活,還會陪伴他們玩遊戲、唱歌等,讓他們的生活過得充實。

護理員的照顧的對象不僅是長者，也包括幼兒或殘障人士。護理員會幫助他們進食、如廁、淋浴等等。

❤ 答案在 151 頁 ❤

20 解決各種法律問題和糾紛的**律師**

小知識 律師除了要熟悉法律條文，也需要學習辯論方法。他們要與委託人傾談事件的詳情，然後為委託人在法庭上一一說明和爭辯。

在法庭上，律師是代表委託人的一方，他們會向法官陳述有利於委託人的觀點，盡力為遇到困難的委託人解決問題！

答案在 151 頁

警署 POLICE STATION

尋犬啟示

* 注：圖中為日本的警察制服，設計款式和顏色跟香港有分別。日本的警察也會幫忙市民處理遺失寵物事宜。

小知識　警察們有着各自的分工。他們有的會在街上巡邏，有的會在警署中幫助報案人，還有的會到學校、社區中教導市民如何防騙防盜。

為了讓市民安心地生活，我們警察會全力守護城市和幫助有需要的人。

❤ 答案在 151 頁 ❤

剪影找找看

請你從 1 至 5 的剪影中，找出跟標準圖一樣的晴奈！

標 準 圖

❤ **答案在 151 頁** ❤

第3章

充滿創意的職業

琪琪

莉莉

慶祝生日的計劃非常成功呢！

媽媽很喜歡我們的禮物啊！

嘻嘻。

媽媽也有禮物送給你們啊！

禮物？

啊！

是「職業體驗樂園」的入場券啊！

看起來超有趣的！

你們都是很喜歡動腦動手創造東西，這個樂園最適合你們了！

打開

我們快快出發去……

職業體驗樂園吧！

55

22 製作美味蛋糕的烘焙師

小知識 烘焙師會在烤製好的糕點上用鮮忌廉，朱古力和水果等進行裝飾，也會做小朋友喜歡的卡通人物圖案啊。

我實現夢想，成為烘焙師了！我會做出美觀又美味的糕點給大家品嘗！

3

♥ 答案在 152 頁 ♥

小知識　香港方面，傳統糕點的製作材料一般為糯米、紅豆、芝麻、紅棗、番薯及西米等，也會添加杞子、菊花、艾葉等養生食材。

傳統糕點師會在不同的季節裏，製作不同的
傳統點心。就像中國人在端午時節做粽子，
中秋之前製作月餅等等。

♥ 答案在 152 頁 ♥

不同之處有 **5個** 容易

小知識 除了一般的朱古力、雲呢嗱等口味的雪糕外，有些雪糕店也會製作水果口味的雪糕。店員還會用餅乾、糖果等食物裝飾雪糕球。

要把雪糕球完美地放在雪糕筒上原來並不簡單呢！你喜歡哪種口味的雪糕呢？

答案在 152 頁

小知識 麵包師的一天是從製作麵粉團開始的！麵包的風味會受到季節、天氣的影響，所以每天都要調節材料的比例和分量。

我會用一個大焗爐來製作不同款式的麵包！
聞到剛出爐的麵包香氣，感覺好幸福啊！

❤ 答案在 152 頁 ❤

小知識 如果想成為一名出色的廚師,除了要學習烹飪技巧外,也要熟知食材和調味料的特點,才能更好地運用它們。

擔任餐廳主廚好忙碌。
哎呀，琪琪居然在偷吃
我剛做好的食物啊！

♥ 答案在 152 頁 ♥

 漫畫家可以把自己的作品投稿到出版社，或者將它放到網上進行分享，讓作品變得廣為人知。

我從小就憧憬成為漫畫家了。不論是什麼類型的故事，我都可以用漫畫形式畫出來給大家欣賞。

❤ 答案在 152 頁 ❤

小知識 建築師除了在辦公室內繪圖外，還需要持續前往建築地盤現場監督工程的進度，檢查質量，確保建築物按時落成。

建築師會根據客人的構想來設計建築物的大小、屋內房間的間隔等。最重要的是建造一個安全又舒適的房屋！

♥ 答案在 152 頁 ♥

字體別具一格的 書法家

我會教授書法，在藝術展覽中展出自己的書法作品。還有，我也會幫一些店舖寫牌匾啊！

小知識 書法家有時候也會做書法表演，甚至有人會即場用一支比自己還要高的大毛筆，在一張長長的宣紙上寫字啊！

❤ 答案在 153 頁 ❤

把珍貴時刻保留的攝影師

小知識 攝影師會因應相機與拍攝對象的距離和光暗，而調校相機的光圈和快門速度，令影像能夠清晰地留在相片上。

我會拍攝人物、物件或風景。為了捕捉珍貴的一刻，我一定要快速準確地按下快門！

❤ 答案在 153 頁 ❤

小知識　編輯是一項非常細心的工作，不僅要策劃圖書或者雜誌的內容，還要保持與作者溝通。內容排版做好後，編輯需要校對很多次呢！

我們在製作圖書或雜誌時，要具體地想出刊登什麼文字和使用哪張圖片！

♥ 答案在 153 頁 ♥

破碎的相片在哪裏呢？

從 1 至 8 的碎片中找出下方相片的破碎部份吧！答案共有 5 個。

答案在 153 頁

第4章

親近自然
的職業

琳琳

美月

我是美月，我最喜歡動物了，所以在牀上放滿了動物毛公仔啊！

所有毛公仔之中，我最喜歡的是熊貓琳琳。

美月，要準備睡覺了。

知道。

起身！

不同之處有 **5個** 容易

 寵物美容師除了為寵物修毛和打扮得可愛之外，也會為動物們剪甲、清潔耳朵和按摩！

為寵物清潔及剪毛時，寵物經常會動來動去，這時候一定要先溫柔地安撫牠們！

❤ **答案在 154 頁** ❤

小知識 除了為家養寵物治療疾病外，獸醫也會醫治動物園或野外流浪的動物。
流浪動物治癒後，會被送到動物領養中心或放歸大自然。

動物受傷或生病的時候，獸醫就會為牠們治療。但動物不會說話，所以我們要通過觀察動物的狀態來了解牠們的病情變化。

♥ 答案在 154 頁 ♥

小知識　牧場工人是一種非常忙碌的職業。每天都要清潔牛棚、餵乳牛和小牛吃飼料、收集牛奶等。但能夠看到小牛出生，是好奇妙的事啊！

我們飼養乳牛、收集牛奶，並用這些牛奶來製造芝士、牛油、乳酪等奶類製品。

答案在 154 頁

35

以花束來傳達心意的花店店員

新鮮花材送到店內時，我要幫忙處理，也要為店內的花朵換水，讓它們保持新鮮。

 花店既要好好栽培花朵，也要按客人要求紮出不同款式的花束，傳達心意，所以花店店員要懂得各種花朵的含義。

♥ 答案在 154 頁 ♥

36 繼承傳統花藝之美的華道家

不同之處有 **6**個
中等

小知識 「花」的古字為「華」，所以日本花道又稱華道，是日本傳統的插花藝術。花道源於中國的佛堂供花，傳到日本後發展出很多個流派。

我會選擇當下季節的花朵來插花，把花朵最美麗的一面展示給大家觀賞。

❤ 答案在 154 頁 ❤

小知識 花藝師會在很多場合進行場地插花布置，比如會議、婚宴、教堂等都是需要花朵來裝飾的，讓賓客得到更加賞心悅目的體驗。

優秀的花藝師不但要擅長對花朵顏色進行搭配，也要了解不同的插花方法。

❤ 答案在 154 頁 ❤

小知識 導賞員會帶參觀者到大自然享受寧靜環境，放鬆心情。身為生態導賞員，對當地的動物和植物都要有一定的認識。

我會帶大家觀看和介紹海岸濕地、郊野、森林等自然景色。一起來親近自然吧！

❤ 答案在 154 頁 ❤

 農夫每天都要播種、灑水、施肥和除草,也會定期保養泥土或培養新品種蔬果,真的很忙碌啊!

我會種植蔬菜、穀物或水果。讓大家吃到美味又新鮮的食物，就是我的動力啊！

答案在 155 頁

不同之處有 **9個** 困難

 動物護理員除了照料不同的動物外，還會向遊客們介紹各種動物的生活習慣。所以和動物建立互信的關係很重要啊！

我只需向動物打個招呼，牠們就知道有食物吃了！動物用餐的時候，我會打掃園區，讓牠們有舒適的環境。

❤ 答案在 155 頁 ❤

41 照顧海洋動物的 水族員

要尋找的東西有 **6個**

 小知識　水族員會指導海洋動物進行節目表演。為了跟牠們建立好關係，水族員會與海洋動物們一起練習。

★ 請你找出下列的東西！

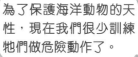

為了保護海洋動物的天性，現在我們很少訓練牠們做危險動作了。

♥ 答案在 155 頁 ♥

花語占卜

從 1 至 4 選出你最喜歡的花朵，
就會知道你的性格啊！

① 向日葵

② 鬱金香

③ 櫻花

③ 繡球花

選擇 ① 的人

受大家愛戴的
領導型！

你是可以領導大家
的類型。嘗試模特
兒或偶像歌手的職
業吧！

選擇 ② 的人

會按計劃行事的
完美型！

你是定好計劃才
行動的類型。醫
生、律師等職業
適合你！

選擇 ③ 的人

永不放棄的
熱血型！

你是不會放棄的
類型。成為教師
或研究員也不錯
啊！

選擇 ③ 的人

給人快樂的
靈感型！

你非常重視靈感。
推薦職業有設計師
或探險家！

第5章

給人快樂的職業

拉比

明日香

她的歌舞太好了!

我是明日香。

我的興趣是觀看我喜歡的歌手影片啊!

哎呀!停電了!

啪滋啪滋

嘩呀呀呀

這裏?

啊?這裏是……影片現場的表演舞台嗎?

103

不同之處有 **5**個 容易

 偶像歌手會舉行演唱會，也會舉行簽名會，出席線下活動，跟歌迷見面和交流互動。

原來真正的偶像歌手站在舞台上會把最好的一面展示給大家，要非常辛苦地訓練啊！

❤ 答案在 156 頁 ❤

小知識 偶像團體的舞蹈要整齊，同時也要展示每個人的特點。其中的舞步有很多變化，身為團員一定要牢牢記住自己的舞步和位置啊！

我們的歌舞能帶給更多的人快樂！我會努力地練習舞步和歌聲，與團員一起合力做一場精彩的表演！

♥ 答案在 156 頁 ♥

小知識 做一個演員不僅要熟讀劇本,還需要理解劇情和角色特點,最重要的是拍攝時要牢記台詞。

演員會參加電影、劇集的演出，飾演不同類型的角色。我都好想演一齣好戲啊！

♥ 答案在 156 頁 ♥

小知識 搞笑藝人要擅長模仿別人的舉動或者聲音，要展示豐富的表情和誇張的肢體動作，他們的表演會給觀眾帶來很多歡笑啊！

我們經常會對着鏡子觀察自己的動作和表情，努力將表演變得更加有趣！

❤ **答案在 156 頁** ❤

幽默大師明日香

小知識 「落語」是日本的一種傳統表演形式，落語家會在名叫「寄席」的表演場地裏，獨自笑説日常生活故事。類似香港的「棟篤笑」表演。

我們會借助聲線、動作的變化，一人扮演故事裏的所有角色，有時候還會使用手上的扇子來幫助表演啊！

幽默大師明日香

❤ 答案在 156 頁 ❤

113

小知識 配音員必須練習發聲、變聲的演技和技巧。配合原片口型和合適的氣氛，適時地為角色加上恰當的對白。

我會為動畫或外語劇集的角色配音，又會因應角色不同的性別、年紀和身分而改變聲線和說話方式。

❤ 答案在 156 頁 ❤

115

小知識 不論時事節目或是遊戲節目，主持人都要發音清晰，對白內容讓觀眾容易理解。主持人日常還要練習急口令和注意咬字。

主持人要在節目時段內，清楚又準確地把內容或對白說出來，讓節目順利播放啊！

答案在 157 頁

不同之處有

8個

中等

以舞蹈給大家帶來活力的舞蹈員

我們會為歌手做伴舞,又會表演歌舞劇。舞蹈員除了要有體力外,節奏感也相當重要啊!

小知識 舞蹈員需要懂得多種舞蹈,例如:嘻哈舞、爵士舞、雷鬼舞等等。還要不停練習,才能跳出有型的舞步!

❤ 答案在 157 頁 ❤

小知識 鋼琴家使用的鋼琴，在每次重大演奏會前，都需要調音師來調校。這樣琴聲才會格外美妙。所以調音師可以說是鋼琴家的好拍檔。

鋼琴家會個人演奏，也會在音樂會、舞會上表演伴奏。所以要努力練習，才可彈奏不同種類的音樂。

♥ 答案在 157 頁 ♥

51 跳出優美芭蕾舞的 芭蕾舞蹈員

不同之處有 **10個** 困難

 小知識　芭蕾舞蹈員要跳出芭蕾舞獨特的風格，就需要有柔軟的身體和有力的雙腿，還要保持身形和體重。

122

我跳芭蕾舞的時候，會配合古典音樂，以沒有對白的舞蹈來演繹故事中的角色啊！

♥ 答案在 157 頁 ♥

小知識　運動員為了要在比賽勝出，需要具備強健的體格和強韌的鬥志。有些
運動員在退役後會成為教練，教導小孩子運動的技巧。

為了在比賽中發揮出最好表現，運動員每天都要認真勤奮地練習！

答案在 157 頁

125

53 療癒身心的 瑜伽導師

小知識 瑜伽源於古代印度,是用來平衡身心的一種方式。瑜伽導師會教你特別的伸展動作和獨特的呼吸法,讓你的身心得到充分放鬆。

我會教授大家各種瑜伽動作，調整呼吸和伸展身體，這樣最讓人放鬆了！

❤ 答案在 158 頁 ❤

小知識 主題公園內的職員各自負責着不同的工作：在園區內巡遊、烹調食物、扮成卡通人物等。他們的工作都是為了讓遊客有更好的遊玩體驗！

我們在樂園或主題公園裏，會指示大家尋找各區域的遊戲，或售賣紀念品啊！

❤ 答案在 158 頁 ❤

偶像迷宮

你只可以經過跟標準圖的明日香一樣姿勢的圖案，而且不可以通過已經走過的地方，也不可以斜線前進啊！

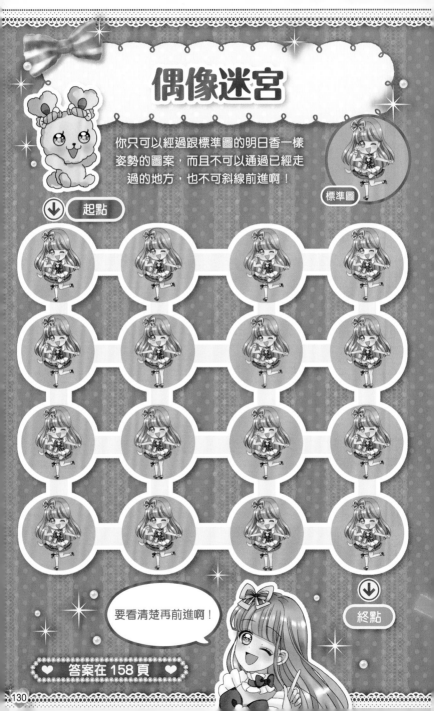

標準圖

起點

終點

要看清楚再前進啊！

答案在 158 頁

第6章

探索未知 的職業

阿陸

晴空

我是晴空。今天我和阿陸去了現在很流行的占卜館。

這邊這邊！

拉眄——

占卜館

你們想占卜什麼事情？

我們想知道將來會成為怎樣的人啊！

微笑…

你們會做有關探索未知的工作。

探索未知的工作是怎樣的？

呵呵

你們變成大人之後關係也很好呢～

哎呀？

我會介紹適合你們的工作。你們要專注地看着水晶球啊。

我好像有點累了………

我也好想睡覺啊……

睡…

睜開…

啊呀！這是在哪裏呀？

小知識 太空人又叫航天員，為了應付沒有重力的太空生活，他們都會保持良好的身體素質。太空衣能夠讓他們在沒有氧氣和低溫的太空中活動。

我們離開地球，飛進了太空了！為了人類的未來，我們會在太空站裏做各種實驗！

答案在 159 頁

不同之處有 **5**個

容易

 身為探險家，最重要的是要懷着一顆「事事關心」的好奇心！也需要有強健的體魄，能於不同的環境下生存。

我會去從來沒有人到過的地方，探索當地不為人知的動物和植物啊！

❤ 答案在 159 頁 ❤

小知識 天氣預報員需要及時發布天氣情況和預警信息，減少因為惡劣天氣對
大家日常生活的影響。

我需要簡介當日各個地區的天氣概況，預告天氣、溫度、濕度、降雨量等等，讓大家作好準備。

♥ 答案在 159 頁 ♥

要尋找的東西有 **6個**

 研究員進行研究時，可能會需要多年時間才能得出成果。一些重大的研究成果還能夠改變未來的世界！

請你找出下列的東西！

我們也會尋找治療疾病的方法，有時也有意外的發現！

答案在 159 頁

小知識 因為網絡信息的日新月異,程式設計員都要及時學習新的技術和程式編寫方法,才能讓電腦程式更容易使用。

我們會為電腦、電玩遊戲和機器編寫應用程式，這些程式是以英文字和符號來編寫的，你們或許看不明白啊！

❤ 答案在 159 頁 ❤

60

幫助人們生活的 機械人開發員

我們會為工廠設計生產用的機器，也為醫院設計醫療機器等。開發新的機器需要很漫長的時間啊！

 機械人開發員需要熟知機械的結構。如果是為特定目的而開發的機器，會有技術員幫助調整，提升機器的性能，讓它運行得更順暢。

❤ 答案在 159 頁 ❤

小知識 婚禮的場地、流程、婚紗服飾、酒席菜色，全部由婚禮統籌師為新婚夫婦安排。在婚禮舉行當日，統籌師當然會在現場監督和幫手。

我會為客人們籌辦夢想中的完美婚禮啊！
我未來也會很幸福吧♥

♥ 答案在 159 頁 ♥

答案頁

第1章　領導時尚的職業

1 第6～7頁

2 第8～9頁

3 第10~11頁

4 第12~13頁

5 第14~15頁

6 第16~17頁

7 第18~19頁

8 第20~21頁

9 第22~23頁

10 第24~25頁

11 第26~27頁

第２章　幫助他人的職業

12 第32~33頁

13 第34~35頁

14 第36~37頁

15 第38~39頁

16 第40~41頁

17 第42~43頁

18 第44~45頁

19 第46~47頁

20 第48~49頁

21 第50~51頁

警署 POLICE STATION

第52頁

第3章 充滿創意的職業

22 第56~57頁

23 第58~59頁

24 第60~61頁

25 第62~63頁

26 第64~65頁

27 第66~67頁

28 第68~69頁

29 第70~71頁

30 第72~73頁

31 第74~75頁

第76頁

第4章　親近自然的職業

32 第80~81頁

33 第82~83頁

34 第84~85頁

35 第86~87頁

36 第88~89頁

37 第90~91頁

38 第92~93頁

39 第94~95頁

40 第96~97頁

41 第98~99頁

第5章 給人快樂的職業

42 第104~105頁

43 第106~107頁

44 第108~109頁

45 第110~111頁

46 第112~113頁

47 第114~115頁

48 第116~117頁

49 第118~119頁

50 第120~121頁

51 第122~123頁

52 第124~125頁

53 第126~127頁

54 第128~129頁

第130頁

第6章 探索未知的職業

55 第134~135頁

56 第136~137頁

57 第138~139頁

58 第140~141頁

59 第142~143頁

60 第144~145頁

61 第146~147頁

思維遊戲大挑戰
未來大夢想 日本腦力遊戲書

作　　者：朝日新聞出版
繪　　圖：Ochiai Tomomi（第1章）、Kanaki詩織（第2章）、
　　　　　菊地 Yae（第3章）、Natsume Asa（第4章）、
　　　　　星乃屑Alice（第5章）、Ousemei（第6章）
翻　　譯：亞牛
責任編輯：王一帆
美術設計：張思婷
出　　版：新雅文化事業有限公司
　　　　　香港英皇道499號北角工業大廈18樓
　　　　　電話：(852) 2138 7998
　　　　　傳真：(852) 2597 4003
　　　　　網址：http://www.sunya.com.hk
　　　　　電郵：marketing@sunya.com.hk
發　　行：香港聯合書刊物流有限公司
　　　　　香港荃灣德士古道220-248號荃灣工業中心16樓
　　　　　電話：(852) 2150 2100
　　　　　傳真：(852) 2407 3062
　　　　　電郵：info@suplogistics.com.hk
印　　刷：中華商務彩色印刷有限公司
　　　　　香港新界大埔汀麗路36號
版　　次：二〇二二年十一月初版
　　　　　二〇二三年九月第二次印刷
版權所有·不准翻印

Original Title: *TOKIMEKI CHIIKU BOOK MACHIGAI-SAGASHI AKOGARE NO SHIGOTO*
BY Asahi Shimbun Publications Inc.
Copyright © 2020 Asahi Shimbun Publications Inc.
All rights reserved.
Original Japanese edition published by Asahi Shimbun Publications Inc., Japan
Chinese translation rights in complex characters arranged with Asahi Shimbun
Publications Inc., Japan through BARDON-Chinese Media Agency, Taipei.

ISBN: 978-962-08-8106-0
Traditional Chinese Edition © 2022 Sun Ya Publications (HK) Ltd.
18/F, North Point Industrial Building, 499 King's Road, Hong Kong
Published in Hong Kong SAR, China
Printed in China

這就是封面和封底摺頁插圖的「找不同」答案了，你找得到嗎？